Wine Tasting Journal

Owner: ______________________________

Dates: ______________

AF808523

Beech Cottage Press
Lovingston, Virginia

Published October 25th, 2017
Beech Cottage Press
Paperback

ISBN: 978-0-692-97579-4

Beech Cottage Press
Post Office Box 299
Lovingston, Virginia 22949
publishing@beechcottagepress.com

"Plant no tree sooner than the vine."

- Alcaeus

"Behold the rain which descends from heaven upon our vineyards; there it enters the roots of the vines, to be changed into wine; a constant proof that God loves us, and loves to see us happy."

- Benjamin Franklin

"When a man drinks wine at dinner, he begins to be better pleased with himself."

- Plato

Date: / /

Location:

Wine: ____________________

Producer: ____________________

Vintage: ____________________ Price: __________

Region: ____________________

Variety: ____________________

Appearance: ____________________

Swirl: ____________________

Nose: ____________________

Taste: ____________________

____

Finish: ____________________

Score: ____________________ Rating: ☆☆☆☆☆

Notes:

Date: / /

Location:

Wine: ______________________

Producer: ______________________

Vintage: ______________ Price: __________

Region: ______________________

Variety: ______________________

Appearance: ______________________

Swirl: ______________________

Nose: ______________________

Taste: ______________________

____

Finish: ______________________

Score: ______________ Rating: ☆☆☆☆☆

Notes:

Date: / /

Location:

Wine: ____________________________

Producer: ____________________________

Vintage: ________________ Price: ________

Region: ____________________________

Variety: ____________________________

Appearance: ____________________________

Swirl: ____________________________

Nose: ____________________________

Taste: ____________________________

____

Finish: ____________________________

Score: ________________ Rating: ☆☆☆☆☆

Notes:

Date: / /

Location:

Wine: ______

Producer: ______

Vintage: ______ Price: ______

Region: ______

Variety: ______

Appearance: ______

Swirl: ______

Nose: ______

Taste: ______

______

Finish: ______

Score: ______ Rating: ☆☆☆☆☆

Notes:

Date: / /

Location:

Wine: ____

Producer: ____

Vintage: ____ Price: ____

Region: ____

Variety: ____

Appearance: ____

Swirl: ____

Nose: ____

Taste: ____

____

Finish: ____

Score: ____ Rating: ☆☆☆☆☆

Notes:

Date: / /

Location:

Wine: ______

Producer: ______

Vintage: ______ Price: ______

Region: ______

Variety: ______

Appearance: ______

Swirl: ______

Nose: ______

Taste: ______

______

Finish: ______

Score: ______ Rating: ☆☆☆☆☆

Notes:

Date: / /

Location:

Wine: ____________________

Producer: ____________________

Vintage: ____________________ Price: __________

Region: ____________________

Variety: ____________________

Appearance: ____________________

Swirl: ____________________

Nose: ____________________

Taste: ____________________

____

Finish: ____________________

Score: ____________________ Rating: ☆☆☆☆☆

Notes:

Date: / /

Location:

Wine: ____________________

Producer: ____________________

Vintage: __________ Price: __________

Region: ____________________

Variety: ____________________

Appearance: ____________________

Swirl: ____________________

Nose: ____________________

Taste: ____________________

Finish: ____________________

Score: __________ Rating: ☆☆☆☆☆

Notes:

Date: / /

Location:

Wine: ______

Producer: ______

Vintage: ______ Price: ______

Region: ______

Variety: ______

Appearance: ______

Swirl: ______

Nose: ______

Taste: ______

______

Finish: ______

Score: ______ Rating: ☆☆☆☆☆

Notes:

Date: / /

Location:

Wine: ______

Producer: ______

Vintage: ______ Price: ______

Region: ______

Variety: ______

Appearance: ______

Swirl: ______

Nose: ______

Taste: ______

______

Finish: ______

Score: ______ Rating: ☆☆☆☆☆

Notes:

Date: / /

Location:

Wine: ______________________________

Producer: ______________________________

Vintage: ______________ Price: ________

Region: ______________________________

Variety: ______________________________

Appearance: ______________________________

Swirl: ______________________________

Nose: ______________________________

Taste: ______________________________

____

Finish: ______________________________

Score: ______________ Rating: ☆☆☆☆☆

Notes:

Date: / /

Location:

Wine: ______________________________

Producer: ______________________________

Vintage: ____________________ Price: __________

Region: ______________________________

Variety: ______________________________

Appearance: ______________________________

Swirl: ______________________________

Nose: ______________________________

Taste: ______________________________

____

Finish: ______________________________

Score: ____________________ Rating: ☆☆☆☆☆

Notes:

Date: / /

Location:

Wine: ____________________

Producer: ____________________

Vintage: ____________________ Price: ____________

Region: ____________________

Variety: ____________________

Appearance: ____________________

Swirl: ____________________

Nose: ____________________

Taste: ____________________

____

Finish: ____________________

Score: ____________________ Rating: ☆☆☆☆☆

Notes:

Date: / /

Location:

Wine: ______

Producer: ______

Vintage: ______ Price: ______

Region: ______

Variety: ______

Appearance: ______

Swirl: ______

Nose: ______

Taste: ______

______

Finish: ______

Score: ______ Rating: ☆☆☆☆☆

Notes:

Date: / /

Location:

Wine: ____

Producer: ____

Vintage: ____ Price: ____

Region: ____

Variety: ____

Appearance: ____

Swirl: ____

Nose: ____

Taste: ____

____

Finish: ____

Score: ____ Rating: ☆☆☆☆☆

Notes:

Date: / /

Location:

Wine: ______

Producer: ______

Vintage: ______ Price: ______

Region: ______

Variety: ______

Appearance: ______

Swirl: ______

Nose: ______

Taste: ______

______

Finish: ______

Score: ______ Rating: ☆☆☆☆☆

Notes:

Date: / /

Location:

Wine: ____________________

Producer: ____________________

Vintage: __________ Price: __________

Region: ____________________

Variety: ____________________

Appearance: ____________________

Swirl: ____________________

Nose: ____________________

Taste: ____________________

____

Finish: ____________________

Score: __________ Rating: ☆☆☆☆☆

Notes:

Date: / /

Location:

Wine: ______

Producer: ______

Vintage: ______ Price: ______

Region: ______

Variety: ______

Appearance: ______

Swirl: ______

Nose: ______

Taste: ______

______

Finish: ______

Score: ______ Rating: ☆☆☆☆☆

Notes:

Date: / /

Location:

Wine: ______________________________

Producer: ______________________________

Vintage: ______________ Price: __________

Region: ______________________________

Variety: ______________________________

Appearance: ______________________________

Swirl: ______________________________

Nose: ______________________________

Taste: ______________________________

____

Finish: ______________________________

Score: ______________ Rating: ☆☆☆☆☆

Notes:

Date: / /

Location:

Wine: ______

Producer: ______

Vintage: ______ Price: ______

Region: ______

Variety: ______

Appearance: ______

Swirl: ______

Nose: ______

Taste: ______

______

Finish: ______

Score: ______ Rating: ☆☆☆☆☆

Notes:

Date: / /

Location:

Wine: ____________________

Producer: ____________________

Vintage: ____________________ Price: __________

Region: ____________________

Variety: ____________________

Appearance: ____________________

Swirl: ____________________

Nose: ____________________

Taste: ____________________

____

Finish: ____________________

Score: ____________________ Rating: ☆☆☆☆☆

Notes:

Date: / /

Location:

Wine: ______

Producer: ______

Vintage: ______ Price: ______

Region: ______

Variety: ______

Appearance: ______

Swirl: ______

Nose: ______

Taste: ______

______

Finish: ______

Score: ______ Rating: ☆☆☆☆☆

Notes:

Date: / /

Location:

Wine: ___

Producer: ___

Vintage: ___ Price: ___

Region: ___

Variety: ___

Appearance: ___

Swirl: ___

Nose: ___

Taste: ___

Finish: ___

Score: ___ Rating: ☆☆☆☆☆

Notes:

Date: Location:

/ /

Wine: ______________________________

Producer: ______________________________

Vintage: ______________ Price: __________

Region: ______________________________

Variety: ______________________________

Appearance: ______________________________

Swirl: ______________________________

Nose: ______________________________

Taste: ______________________________

____

Finish: ______________________________

Score: ______________ Rating: ☆☆☆☆☆

Notes:

Date: / /

Location:

Wine: ______

Producer: ______

Vintage: ______ Price: ______

Region: ______

Variety: ______

Appearance: ______

Swirl: ______

Nose: ______

Taste: ______

______

Finish: ______

Score: ______ Rating: ☆☆☆☆☆

Notes:

Date: / /

Location:

Wine: ______

Producer: ______

Vintage: ______ Price: ______

Region: ______

Variety: ______

Appearance: ______

Swirl: ______

Nose: ______

Taste: ______

______

Finish: ______

Score: ______ Rating: ☆☆☆☆☆

Notes:

Date:

/ /

Location:

Wine: ____

Producer: ____

Vintage: ____ Price: ____

Region: ____

Variety: ____

Appearance: ____

Swirl: ____

Nose: ____

Taste: ____

____

Finish: ____

Score: ____ Rating: ☆☆☆☆☆

Notes:

Date: / /

Location:

Wine: ____________________

Producer: ____________________

Vintage: ____________________ Price: ____________

Region: ____________________

Variety: ____________________

Appearance: ____________________

Swirl: ____________________

Nose: ____________________

Taste: ____________________

____

Finish: ____________________

Score: ____________________ Rating: ☆☆☆☆☆

Notes:

Date: / /

Location:

Wine: ____

Producer: ____

Vintage: ____ Price: ____

Region: ____

Variety: ____

Appearance: ____

Swirl: ____

Nose: ____

Taste: ____

____

Finish: ____

Score: ____ Rating: ☆☆☆☆☆

Notes:

Date: / /

Location:

Wine: ______________________________

Producer: ______________________________

Vintage: ____________________ Price: __________

Region: ______________________________

Variety: ______________________________

Appearance: ______________________________

Swirl: ______________________________

Nose: ______________________________

Taste: ______________________________

____

Finish: ______________________________

Score: ____________________ Rating: ☆☆☆☆☆

Notes:

Date: / /

Location:

Wine: ______

Producer: ______

Vintage: ______ Price: ______

Region: ______

Variety: ______

Appearance: ______

Swirl: ______

Nose: ______

Taste: ______

______

Finish: ______

Score: ______ Rating: ☆☆☆☆☆

Notes:

Date: / /

Location:

Wine: ______________________________

Producer: ______________________________

Vintage: ________________ Price: __________

Region: ______________________________

Variety: ______________________________

Appearance: ______________________________

Swirl: ______________________________

Nose: ______________________________

Taste: ______________________________

____

Finish: ______________________________

Score: ________________ Rating: ☆☆☆☆☆

Notes:

Date: / /

Location:

Wine: __________

Producer: __________

Vintage: __________ Price: __________

Region: __________

Variety: __________

Appearance: __________

Swirl: __________

Nose: __________

Taste: __________

Finish: __________

Score: __________ Rating: ☆☆☆☆☆

Notes:

Date: / /

Location:

Wine: ____________________

Producer: ____________________

Vintage: ____________________ Price: __________

Region: ____________________

Variety: ____________________

Appearance: ____________________

Swirl: ____________________

Nose: ____________________

Taste: ____________________

____

Finish: ____________________

Score: ____________________ Rating: ☆☆☆☆☆

Notes:

Date: / /

Location:

Wine: ____

Producer: ____

Vintage: ____ Price: ____

Region: ____

Variety: ____

Appearance: ____

Swirl: ____

Nose: ____

Taste: ____

____

Finish: ____

Score: ____ Rating: ☆☆☆☆☆

Notes:

Date: / /

Location:

Wine: ____________________

Producer: ____________________

Vintage: ____________________ Price: ____________________

Region: ____________________

Variety: ____________________

Appearance: ____________________

Swirl: ____________________

Nose: ____________________

Taste: ____________________

____

Finish: ____________________

Score: ____________________ Rating: ☆☆☆☆☆

Notes:

Date: / /

Location:

Wine: ______

Producer: ______

Vintage: ______ Price: ______

Region: ______

Variety: ______

Appearance: ______

Swirl: ______

Nose: ______

Taste: ______

______

Finish: ______

Score: ______ Rating: ☆☆☆☆☆

Notes:

Date: / /

Location:

Wine:

Producer:

Vintage: Price:

Region:

Variety:

Appearance:

Swirl:

Nose:

Taste:

Finish:

Score: Rating: ☆☆☆☆☆

Notes:

Date: / /

Location:

Wine: ____________________

Producer: ____________________

Vintage: ____________________ Price: ____________________

Region: ____________________

Variety: ____________________

Appearance: ____________________

Swirl: ____________________

Nose: ____________________

Taste: ____________________

____

Finish: ____________________

Score: ____________________ Rating: ☆☆☆☆☆

Notes:

Date: / /

Location:

Wine:

Producer:

Vintage: Price:

Region:

Variety:

Appearance:

Swirl:

Nose:

Taste:

Finish:

Score: Rating: ☆☆☆☆☆

Notes:

Date: / /

Location:

Wine: ______

Producer: ______

Vintage: ______ Price: ______

Region: ______

Variety: ______

Appearance: ______

Swirl: ______

Nose: ______

Taste: ______

______

Finish: ______

Score: ______ Rating: ☆☆☆☆☆

Notes:

Date: / /

Location:

Wine: ______

Producer: ______

Vintage: ______ Price: ______

Region: ______

Variety: ______

Appearance: ______

Swirl: ______

Nose: ______

Taste: ______

______

Finish: ______

Score: ______ Rating: ☆☆☆☆☆

Notes:

Date:

/ /

Location:

Wine: ______

Producer: ______

Vintage: ______ Price: ______

Region: ______

Variety: ______

Appearance: ______

Swirl: ______

Nose: ______

Taste: ______

______

Finish: ______

Score: ______ Rating: ☆☆☆☆☆

Notes:

Date: / /

Location:

Wine: ____________________

Producer: ____________________

Vintage: ____________ Price: ____________

Region: ____________________

Variety: ____________________

Appearance: ____________________

Swirl: ____________________

Nose: ____________________

Taste: ____________________

____

Finish: ____________________

Score: ____________ Rating: ☆☆☆☆☆

Notes:

Date: / /

Location:

Wine: ____________________

Producer: ____________________

Vintage: ____________________ Price: ____________

Region: ____________________

Variety: ____________________

Appearance: ____________________

Swirl: ____________________

Nose: ____________________

Taste: ____________________

____

Finish: ____________________

Score: ____________________ Rating: ☆☆☆☆☆

Notes:

Date: / /

Location:

Wine: ______________________________

Producer: ______________________________

Vintage: ______________ Price: ______________

Region: ______________________________

Variety: ______________________________

Appearance: ______________________________

Swirl: ______________________________

Nose: ______________________________

Taste: ______________________________

____

inish: ______________________________

core: ______________ Rating: ☆☆☆☆☆

Notes:

Date: / /

Location:

Wine: ______

Producer: ______

Vintage: ______ Price: ______

Region: ______

Variety: ______

Appearance: ______

Swirl: ______

Nose: ______

Taste: ______

______

Finish: ______

Score: ______ Rating: ☆☆☆☆☆

Notes:

Date:

/ /

Location:

Wine: ____________________

Producer: ____________________

Vintage: ____________________ Price: ____________

Region: ____________________

Variety: ____________________

Appearance: ____________________

Swirl: ____________________

Nose: ____________________

Taste: ____________________

____

Finish: ____________________

Score: ____________________ Rating: ☆☆☆☆☆

Notes:

Date: / /

Location:

Wine: ______

Producer: ______

Vintage: ______ Price: ______

Region: ______

Variety: ______

Appearance: ______

Swirl: ______

Nose: ______

Taste: ______

______

Finish: ______

Score: ______ Rating: ☆☆☆☆☆

Notes:

Date: / /

Location:

Wine: ______________________________

Producer: ______________________________

Vintage: ____________________ Price: __________

Region: ______________________________

Variety: ______________________________

Appearance: ______________________________

Swirl: ______________________________

Nose: ______________________________

Taste: ______________________________

____

Finish: ______________________________

Score: ____________________ Rating: ☆☆☆☆☆

Notes:

Date: / /

Location:

Wine: ______

Producer: ______

Vintage: ______ Price: ______

Region: ______

Variety: ______

Appearance: ______

Swirl: ______

Nose: ______

Taste: ______

______

Finish: ______

Score: ______ Rating: ☆☆☆☆☆

Notes:

Date: / /

Location:

Wine: ______________________________

Producer: ______________________________

Vintage: ________________ Price: ________

Region: ______________________________

Variety: ______________________________

Appearance: ______________________________

Swirl: ______________________________

Nose: ______________________________

Taste: ______________________________

____

Finish: ______________________________

Score: ________________ Rating: ☆☆☆☆☆

Notes:

Date: / /

Location:

Wine: ____

Producer: ____

Vintage: ____ Price: ____

Region: ____

Variety: ____

Appearance: ____

Swirl: ____

Nose: ____

Taste: ____

____

Finish: ____

Score: ____ Rating: ☆☆☆☆☆

Notes:

Date: / /

Location:

Wine:

Producer:

Vintage: Price:

Region:

Variety:

Appearance:

Swirl:

Nose:

Taste:

Finish:

Score: Rating: ☆☆☆☆☆

Notes:

Date: / /

Location:

Wine: ______

Producer: ______

Vintage: ______ Price: ______

Region: ______

Variety: ______

Appearance: ______

Swirl: ______

Nose: ______

Taste: ______

______

Finish: ______

Score: ______ Rating: ☆☆☆☆☆

Notes:

Date: / /

Location:

Wine: ______

Producer: ______

Vintage: ______ Price: ______

Region: ______

Variety: ______

Appearance: ______

Swirl: ______

Nose: ______

Taste: ______

______

Finish: ______

Score: ______ Rating: ☆☆☆☆☆

Notes:

Date: / /

Location:

Wine: ______

Producer: ______

Vintage: ______ Price: ______

Region: ______

Variety: ______

Appearance: ______

Swirl: ______

Nose: ______

Taste: ______

______

Finish: ______

Score: ______ Rating: ☆☆☆☆☆

Notes:

Date: / /

Location:

Wine:

Producer:

Vintage: Price:

Region:

Variety:

Appearance:

Swirl:

Nose:

Taste:

Finish:

Score: Rating: ☆☆☆☆☆

Notes:

Date: / /

Location:

Wine: ______

Producer: ______

Vintage: ______ Price: ______

Region: ______

Variety: ______

Appearance: ______

Swirl: ______

Nose: ______

Taste: ______

______

Finish: ______

Score: ______ Rating: ☆☆☆☆☆

Notes:

Date: Location:

/ /

Wine: ______________________________

Producer: ______________________________

Vintage: ______________ Price: __________

Region: ______________________________

Variety: ______________________________

Appearance: ______________________________

Swirl: ______________________________

Nose: ______________________________

Taste: ______________________________

____

Finish: ______________________________

Score: ______________ Rating: ☆☆☆☆☆

Notes:

Date: / /

Location:

Wine: ______

Producer: ______

Vintage: ______ Price: ______

Region: ______

Variety: ______

Appearance: ______

Swirl: ______

Nose: ______

Taste: ______

______

Finish: ______

Score: ______ Rating: ☆☆☆☆☆

Notes:

Date: / /

Location:

Wine: ______

Producer: ______

Vintage: ______ Price: ______

Region: ______

Variety: ______

Appearance: ______

Swirl: ______

Nose: ______

Taste: ______

______

Finish: ______

Score: ______ Rating: ☆☆☆☆☆

Notes:

Date:

/ /

Location:

Wine: ____________________

Producer: ____________________

Vintage: ____________________ Price: __________

Region: ____________________

Variety: ____________________

Appearance: ____________________

Swirl: ____________________

Nose: ____________________

Taste: ____________________

____

Finish: ____________________

Score: ____________________ Rating: ☆☆☆☆☆

Notes:

Date: / /

Location:

Wine:

Producer:

Vintage: Price:

Region:

Variety:

Appearance:

Swirl:

Nose:

Taste:

Finish:

Score: Rating: ☆☆☆☆☆

Notes:

Date: / /

Location:

Wine: ____________________

Producer: ____________________

Vintage: ____________________ Price: ____________

Region: ____________________

Variety: ____________________

Appearance: ____________________

Swirl: ____________________

Nose: ____________________

Taste: ____________________

____

Finish: ____________________

Score: ____________________ Rating: ☆☆☆☆☆

Notes:

Date: / /

Location:

Wine: ______

Producer: ______

Vintage: ______ Price: ______

Region: ______

Variety: ______

Appearance: ______

Swirl: ______

Nose: ______

Taste: ______

______

Finish: ______

Score: ______ Rating: ☆☆☆☆☆

Notes:

Date: / /

Location:

Wine: ______

Producer: ______

Vintage: ______ Price: ______

Region: ______

Variety: ______

Appearance: ______

Swirl: ______

Nose: ______

Taste: ______

______

Finish: ______

Score: ______ Rating: ☆☆☆☆☆

Notes:

Date: / /

Location:

Wine:

Producer:

Vintage: Price:

Region:

Variety:

Appearance:

Swirl:

Nose:

Taste:

Finish:

Score: Rating: ☆☆☆☆☆

Notes:

Date: / /

Location:

Wine:

Producer:

Vintage: Price:

Region:

Variety:

Appearance:

Swirl:

Nose:

Taste:

Finish:

Score: Rating: ☆☆☆☆☆

Notes:

Date: / /

Location:

Wine: ______

Producer: ______

Vintage: ______ Price: ______

Region: ______

Variety: ______

Appearance: ______

Swirl: ______

Nose: ______

Taste: ______

______

Finish: ______

Score: ______ Rating: ☆☆☆☆☆

Notes:

Date: / /

Location:

Wine: ______________________________

Producer: ______________________________

Vintage: ____________________ Price: __________

Region: ______________________________

Variety: ______________________________

Appearance: ______________________________

Swirl: ______________________________

Nose: ______________________________

Taste: ______________________________

____

Finish: ______________________________

Score: ____________________ Rating: ☆☆☆☆☆

Notes:

Date: / /

Location:

Wine: ____________________

Producer: ____________________

Vintage: ____________________ Price: __________

Region: ____________________

Variety: ____________________

Appearance: ____________________

Swirl: ____________________

Nose: ____________________

Taste: ____________________

____

Finish: ____________________

Score: ____________________ Rating: ☆☆☆☆☆

Notes:

Date: / /

Location:

Wine:

Producer:

Vintage: Price:

Region:

Variety:

Appearance:

Swirl:

Nose:

Taste:

Finish:

Score: Rating: ☆☆☆☆☆

Notes:

Date: / /

Location:

Wine: ______________________

Producer: ______________________

Vintage: ______________ Price: __________

Region: ______________________

Variety: ______________________

Appearance: ______________________

Swirl: ______________________

Nose: ______________________

Taste: ______________________

____

Finish: ______________________

Score: ______________ Rating: ☆☆☆☆☆

Notes:

Date: / /

Location:

Wine: ______

Producer: ______

Vintage: ______ Price: ______

Region: ______

Variety: ______

Appearance: ______

Swirl: ______

Nose: ______

Taste: ______

______

Finish: ______

Score: ______ Rating: ☆☆☆☆☆

Notes:

Date: / /

Location:

Wine:

Producer:

Vintage: Price:

Region:

Variety:

Appearance:

Swirl:

Nose:

Taste:

Finish:

Score: Rating: ☆☆☆☆☆

Notes:

Date: / /

Location:

Wine: ____________________

Producer: ____________________

Vintage: ____________________ Price: ____________

Region: ____________________

Variety: ____________________

Appearance: ____________________

Swirl: ____________________

Nose: ____________________

Taste: ____________________

____

Finish: ____________________

Score: ____________________ Rating: ☆☆☆☆☆

Notes:

Date: / /

Location:

Wine: __________

Producer: __________

Vintage: __________ Price: __________

Region: __________

Variety: __________

Appearance: __________

Swirl: __________

Nose: __________

Taste: __________

____

Finish: __________

Score: __________ Rating: ☆☆☆☆☆

Notes:

Date: / /

Location:

Wine: ______

Producer: ______

Vintage: ______ Price: ______

Region: ______

Variety: ______

Appearance: ______

Swirl: ______

Nose: ______

Taste: ______

______

Finish: ______

Score: ______ Rating: ☆☆☆☆☆

Notes:

Date: / /

Location:

Wine: ______________________

Producer: ______________________

Vintage: ______________ Price: __________

Region: ______________________

Variety: ______________________

Appearance: ______________________

Swirl: ______________________

Nose: ______________________

Taste: ______________________

____

Finish: ______________________

Score: ______________ Rating: ☆☆☆☆☆

Notes:

Date: / /

Location:

Wine:

Producer:

Vintage: Price:

Region:

Variety:

Appearance:

Swirl:

Nose:

Taste:

Finish:

Score: Rating: ☆☆☆☆☆

Notes:

Date: / /

Location:

Wine: ______

Producer: ______

Vintage: ______ Price: ______

Region: ______

Variety: ______

Appearance: ______

Swirl: ______

Nose: ______

Taste: ______

______

Finish: ______

Score: ______ Rating: ☆☆☆☆☆

Notes:

Date: / /

Location:

Wine: ______________________________

Producer: ______________________________

Vintage: ____________________ Price: __________

Region: ______________________________

Variety: ______________________________

Appearance: ______________________________

Swirl: ______________________________

Nose: ______________________________

Taste: ______________________________

____

Finish: ______________________________

Score: ____________________ Rating: ☆☆☆☆☆

Notes:

Date:

/ /

Location:

Wine: ______

Producer: ______

Vintage: ______ Price: ______

Region: ______

Variety: ______

Appearance: ______

Swirl: ______

Nose: ______

Taste: ______

______

Finish: ______

Score: ______ Rating: ☆☆☆☆☆

Notes:

Date: / /

Location:

Wine: ______________________________

Producer: ______________________________

Vintage: ______________ Price: ______________

Region: ______________________________

Variety: ______________________________

Appearance: ______________________________

Swirl: ______________________________

Nose: ______________________________

Taste: ______________________________

____

Finish: ______________________________

Score: ______________ Rating: ☆☆☆☆☆

Notes:

Date: / /

Location:

Wine:

Producer:

Vintage: Price:

Region:

Variety:

Appearance:

Swirl:

Nose:

Taste:

Finish:

Score: Rating: ☆☆☆☆☆

Notes:

Date: / /

Location:

Wine: ______

Producer: ______

Vintage: ______ Price: ______

Region: ______

Variety: ______

Appearance: ______

Swirl: ______

Nose: ______

Taste: ______

______

Finish: ______

Score: ______ Rating: ☆☆☆☆☆

Notes:

Date: / /

Location:

Wine: ____________________

Producer: ____________________

Vintage: ____________________ Price: __________

Region: ____________________

Variety: ____________________

Appearance: ____________________

Swirl: ____________________

Nose: ____________________

Taste: ____________________

____

inish: ____________________

core: ____________________ Rating: ☆☆☆☆☆

Notes:

Date: / /

Location:

Wine: ____________________

Producer: ____________________

Vintage: ____________________ Price: __________

Region: ____________________

Variety: ____________________

Appearance: ____________________

Swirl: ____________________

Nose: ____________________

Taste: ____________________

____

Finish: ____________________

Score: ____________________ Rating: ☆☆☆☆☆

Notes:

Date: / /

Location:

Wine: ______

Producer: ______

Vintage: ______ Price: ______

Region: ______

Variety: ______

Appearance: ______

Swirl: ______

Nose: ______

Taste: ______

______

Finish: ______

Score: ______ Rating: ☆☆☆☆☆

Notes:

Date: / /

Location:

Wine: ______

Producer: ______

Vintage: ______ Price: ______

Region: ______

Variety: ______

Appearance: ______

Swirl: ______

Nose: ______

Taste: ______

______

Finish: ______

Score: ______ Rating: ☆☆☆☆☆

Notes:

Date: / /

Location:

Wine: ______________________________

Producer: ______________________________

Vintage: ______________ Price: ________

Region: ______________________________

Variety: ______________________________

Appearance: ______________________________

Swirl: ______________________________

Nose: ______________________________

Taste: ______________________________

____

Finish: ______________________________

Score: ______________ Rating: ☆☆☆☆☆

Notes:

Date: / /

Location:

Wine: ______

Producer: ______

Vintage: ______ Price: ______

Region: ______

Variety: ______

Appearance: ______

Swirl: ______

Nose: ______

Taste: ______

______

Finish: ______

Score: ______ Rating: ☆☆☆☆☆

Notes:

Date: / /

Location:

Wine: ____________________

Producer: ____________________

Vintage: ____________ Price: ________

Region: ____________________

Variety: ____________________

Appearance: ____________________

Swirl: ____________________

Nose: ____________________

Taste: ____________________

____

Finish: ____________________

Score: ____________ Rating: ☆☆☆☆☆

Notes:

Date: / /

Location:

Wine: ______

Producer: ______

Vintage: ______ Price: ______

Region: ______

Variety: ______

Appearance: ______

Swirl: ______

Nose: ______

Taste: ______

______

Finish: ______

Score: ______ Rating: ☆☆☆☆☆

Notes:

Date: / /

Location:

Wine:

Producer:

Vintage: Price:

Region:

Variety:

Appearance:

Swirl:

Nose:

Taste:

Finish:

Score: Rating: ☆☆☆☆☆

Notes:

Date: / /

Location:

Wine: ______________________________

Producer: ______________________________

Vintage: ______________________ Price: ______________

Region: ______________________________

Variety: ______________________________

Appearance: ______________________________

Swirl: ______________________________

Nose: ______________________________

Taste: ______________________________

____

Finish: ______________________________

Score: ______________________ Rating: ☆☆☆☆☆

Notes:

Date:

/ /

Location:

Wine: ________________________________

Producer: ________________________________

Vintage: ____________________ Price: __________

Region: ________________________________

Variety: ________________________________

Appearance: ________________________________

Swirl: ________________________________

Nose: ________________________________

Taste: ________________________________

____

Finish: ________________________________

Score: ____________________ Rating: ☆☆☆☆☆

Notes:

Date: / /

Location:

Wine: ______________________________

Producer: ______________________________

Vintage: ____________________ Price: __________

Region: ______________________________

Variety: ______________________________

Appearance: ______________________________

Swirl: ______________________________

Nose: ______________________________

Taste: ______________________________

____

Finish: ______________________________

Score: ____________________ Rating: ☆☆☆☆☆

Notes:

Date: / /

Location:

Wine: ______________________

Producer: ______________________

Vintage: ______________ Price: ________

Region: ______________________

Variety: ______________________

Appearance: ______________________

Swirl: ______________________

Nose: ______________________

Taste: ______________________

____

Finish: ______________________

Score: ______________ Rating: ☆☆☆☆☆

Notes:

Date: / /

Location:

Wine: ______

Producer: ______

Vintage: ______ Price: ______

Region: ______

Variety: ______

Appearance: ______

Swirl: ______

Nose: ______

Taste: ______

______

Finish: ______

Score: ______ Rating: ☆☆☆☆☆

Notes:

Date: / /

Location:

Wine:

Producer:

Vintage: Price:

Region:

Variety:

Appearance:

Swirl:

Nose:

Taste:

Finish:

Score: Rating: ☆☆☆☆☆

Notes:

Date: / /

Location:

Wine: ______

Producer: ______

Vintage: ______ Price: ______

Region: ______

Variety: ______

Appearance: ______

Swirl: ______

Nose: ______

Taste: ______

______

Finish: ______

Score: ______ Rating: ☆☆☆☆☆

Notes:

Date: Location:

/ /

Wine: ______________________________

Producer: ______________________________

Vintage: ________________ Price: __________

Region: ______________________________

Variety: ______________________________

Appearance: ______________________________

Swirl: ______________________________

Nose: ______________________________

Taste: ______________________________

____

Finish: ______________________________

Score: ________________ Rating: ☆☆☆☆☆

Notes:

Date: / /

Location:

Wine: ______

Producer: ______

Vintage: ______ Price: ______

Region: ______

Variety: ______

Appearance: ______

Swirl: ______

Nose: ______

Taste: ______

______

Finish: ______

Score: ______ Rating: ☆☆☆☆☆

Notes:

Date: / /

Location:

Wine: ____________________

Producer: ____________________

Vintage: ____________________ Price: ____________

Region: ____________________

Variety: ____________________

Appearance: ____________________

Swirl: ____________________

Nose: ____________________

Taste: ____________________

____

Finish: ____________________

Score: ____________________ Rating: ☆☆☆☆☆

Notes:

Date: / /

Location:

Wine: ______

Producer: ______

Vintage: ______ Price: ______

Region: ______

Variety: ______

Appearance: ______

Swirl: ______

Nose: ______

Taste: ______

______

Finish: ______

Score: ______ Rating: ☆☆☆☆☆

Notes:

Date:

/ /

Location:

Wine: ______

Producer: ______

Vintage: ______ Price: ______

Region: ______

Variety: ______

Appearance: ______

Swirl: ______

Nose: ______

Taste: ______

______

Finish: ______

Score: ______ Rating: ☆☆☆☆☆

Notes:

Date: / /

Location:

Wine: ______

Producer: ______

Vintage: ______ Price: ______

Region: ______

Variety: ______

Appearance: ______

Swirl: ______

Nose: ______

Taste: ______

______

Finish: ______

Score: ______ Rating: ☆☆☆☆☆

Notes:

Date: / /

Location:

Wine: ______________________________

Producer: ______________________________

Vintage: ______________ Price: ______________

Region: ______________________________

Variety: ______________________________

Appearance: ______________________________

Swirl: ______________________________

Nose: ______________________________

Taste: ______________________________

____

inish: ______________________________

Score: ______________ Rating: ☆☆☆☆☆

Notes:

Date: / /

Location:

Wine: ____

Producer: ____

Vintage: ____ Price: ____

Region: ____

Variety: ____

Appearance: ____

Swirl: ____

Nose: ____

Taste: ____

____

Finish: ____

Score: ____ Rating: ☆☆☆☆☆

Notes:

Date: / /

Location:

Wine:

Producer:

Vintage: Price:

Region:

Variety:

Appearance:

Swirl:

Nose:

Taste:

Finish:

Score: Rating: ☆☆☆☆☆

Notes:

Date: / /

Location:

Wine: ______

Producer: ______

Vintage: ______ Price: ______

Region: ______

Variety: ______

Appearance: ______

Swirl: ______

Nose: ______

Taste: ______

______

Finish: ______

Score: ______ Rating: ☆☆☆☆☆

Notes:

Date: / /

Location:

Wine: ______

Producer: ______

Vintage: ______ Price: ______

Region: ______

Variety: ______

Appearance: ______

Swirl: ______

Nose: ______

Taste: ______

______

Finish: ______

Score: ______ Rating: ☆☆☆☆☆

Notes:

Date: / /

Location:

Wine: ______________________________

Producer: ______________________________

Vintage: ____________________ Price: __________

Region: ______________________________

Variety: ______________________________

Appearance: ______________________________

Swirl: ______________________________

Nose: ______________________________

Taste: ______________________________

____

Finish: ______________________________

Score: ____________________ Rating: ☆☆☆☆☆

Notes:

Date: / /

Location:

Wine:

Producer:

Vintage:

Price:

Region:

Variety:

Appearance:

Swirl:

Nose:

Taste:

Finish:

Score:

Rating: ☆☆☆☆☆

Notes:

Date:

/ /

Location:

Wine: ______________________________

Producer: ______________________________

Vintage: ______________ Price: ______________

Region: ______________________________

Variety: ______________________________

Appearance: ______________________________

Swirl: ______________________________

Nose: ______________________________

Taste: ______________________________

____

Finish: ______________________________

Score: ______________ Rating: ☆☆☆☆☆

Notes:

Date: / /

Location:

Wine: ______

Producer: ______

Vintage: ______ Price: ______

Region: ______

Variety: ______

Appearance: ______

Swirl: ______

Nose: ______

Taste: ______

______

Finish: ______

Score: ______ Rating: ☆☆☆☆☆

Notes:

Date: / /

Location:

Wine: ______

Producer: ______

Vintage: ______ Price: ______

Region: ______

Variety: ______

Appearance: ______

Swirl: ______

Nose: ______

Taste: ______

______

Finish: ______

Score: ______ Rating: ☆☆☆☆☆

Notes:

Date: / /

Location:

Wine: ______

Producer: ______

Vintage: ______ Price: ______

Region: ______

Variety: ______

Appearance: ______

Swirl: ______

Nose: ______

Taste: ______

______

Finish: ______

Score: ______ Rating: ☆☆☆☆☆

Notes:

Date: / /

Location:

Wine:

Producer:

Vintage: Price:

Region:

Variety:

Appearance:

Swirl:

Nose:

Taste:

Finish:

Score: Rating: ☆☆☆☆☆

Notes:

Date: Location:

/ /

Wine: ______________________________

Producer: ______________________________

Vintage: ____________________ Price: __________

Region: ______________________________

Variety: ______________________________

Appearance: ______________________________

Swirl: ______________________________

Nose: ______________________________

Taste: ______________________________

____

Finish: ______________________________

Score: ____________________ Rating: ☆☆☆☆☆

Notes:

Date: / /

Location:

Wine: ______

Producer: ______

Vintage: ______ Price: ______

Region: ______

Variety: ______

Appearance: ______

Swirl: ______

Nose: ______

Taste: ______

______

Finish: ______

Score: ______ Rating: ☆☆☆☆☆

Notes:

Date: / /

Location:

Wine:

Producer:

Vintage: Price:

Region:

Variety:

Appearance:

Swirl:

Nose:

Taste:

Finish:

Score: Rating: ☆☆☆☆☆

Notes:

Date: / /

Location:

Wine: ______

Producer: ______

Vintage: ______ Price: ______

Region: ______

Variety: ______

Appearance: ______

Swirl: ______

Nose: ______

Taste: ______

______

Finish: ______

Score: ______ Rating: ☆☆☆☆☆

Notes:

Date: / /

Location:

Wine:

Producer:

Vintage: Price:

Region:

Variety:

Appearance:

Swirl:

Nose:

Taste:

Finish:

Score: Rating: ☆☆☆☆☆

Notes:

Date: / /

Location:

Wine: ______

Producer: ______

Vintage: ______ Price: ______

Region: ______

Variety: ______

Appearance: ______

Swirl: ______

Nose: ______

Taste: ______

______

Finish: ______

Score: ______ Rating: ☆☆☆☆☆

Notes:

Date: / /

Location:

Wine: ______

Producer: ______

Vintage: ______ Price: ______

Region: ______

Variety: ______

Appearance: ______

Swirl: ______

Nose: ______

Taste: ______

______

Finish: ______

Score: ______ Rating: ☆☆☆☆☆

Notes:

Date: / /

Location:

Wine: ___

Producer: ___

Vintage: ___ Price: ___

Region: ___

Variety: ___

Appearance: ___

Swirl: ___

Nose: ___

Taste: ___

___

Finish: ___

Score: ___ Rating: ☆☆☆☆☆

Notes:

Date: / /

Location:

Wine: ______________________________

Producer: ______________________________

Vintage: ____________________ Price: __________

Region: ______________________________

Variety: ______________________________

Appearance: ______________________________

Swirl: ______________________________

Nose: ______________________________

Taste: ______________________________

____

Finish: ______________________________

Score: ____________________ Rating: ☆☆☆☆☆

Notes:

Date: / /

Location:

Wine: ______

Producer: ______

Vintage: ______ Price: ______

Region: ______

Variety: ______

Appearance: ______

Swirl: ______

Nose: ______

Taste: ______

______

Finish: ______

Score: ______ Rating: ☆☆☆☆☆

Notes:

Date: / /

Location:

Wine:

Producer:

Vintage: Price:

Region:

Variety:

Appearance:

Swirl:

Nose:

Taste:

Finish:

Score: Rating: ☆☆☆☆☆

Notes:

Date: / /

Location:

Wine: ____________________

Producer: ____________________

Vintage: ____________________ Price: ____________

Region: ____________________

Variety: ____________________

Appearance: ____________________

Swirl: ____________________

Nose: ____________________

Taste: ____________________

____

Finish: ____________________

Score: ____________________ Rating: ☆☆☆☆☆

Notes:

Date: / /

Location:

Wine: ____________________

Producer: ____________________

Vintage: ____________________ Price: __________

Region: ____________________

Variety: ____________________

Appearance: ____________________

Swirl: ____________________

Nose: ____________________

Taste: ____________________

____

Finish: ____________________

Score: ____________________ Rating: ☆☆☆☆☆

Notes:

Date: / /

Location:

Wine: ____________________

Producer: ____________________

Vintage: __________ Price: __________

Region: ____________________

Variety: ____________________

Appearance: ____________________

Swirl: ____________________

Nose: ____________________

Taste: ____________________

Finish: ____________________

Score: __________ Rating: ☆☆☆☆☆

Notes:

Date:

/ /

Location:

Wine: ______________________________

Producer: ______________________________

Vintage: ______________ Price: __________

Region: ______________________________

Variety: ______________________________

Appearance: ______________________________

Swirl: ______________________________

Nose: ______________________________

Taste: ______________________________

____

Finish: ______________________________

Score: ______________ Rating: ☆☆☆☆☆

Notes:

Date: / /

Location:

Wine:

Producer:

Vintage: Price:

Region:

Variety:

Appearance:

Swirl:

Nose:

Taste:

Finish:

Score: Rating: ☆☆☆☆☆

Notes:

Date: / /

Location:

Wine: ___

Producer: ___

Vintage: ___ Price: ___

Region: ___

Variety: ___

Appearance: ___

Swirl: ___

Nose: ___

Taste: ___

Finish: ___

Score: ___ Rating: ☆☆☆☆☆

Notes:

Date: / /

Location:

Wine: ______________________________

Producer: ______________________________

Vintage: ______________________ Price: ____________

Region: ______________________________

Variety: ______________________________

Appearance: ______________________________

Swirl: ______________________________

Nose: ______________________________

Taste: ______________________________

____

Finish: ______________________________

Score: ______________________ Rating: ☆☆☆☆☆

Notes:

Date: / /

Location:

Wine: ______________________________

Producer: ______________________________

Vintage: ____________________ Price: ____________

Region: ______________________________

Variety: ______________________________

Appearance: ______________________________

Swirl: ______________________________

Nose: ______________________________

Taste: ______________________________

____

Finish: ______________________________

Score: ____________________ Rating: ☆☆☆☆☆

Notes:

Date: / /

Location:

Wine:

Producer:

Vintage: Price:

Region:

Variety:

Appearance:

Swirl:

Nose:

Taste:

Finish:

Score: Rating: ☆☆☆☆☆

Notes:

Date: / /

Location:

Wine: ____________________

Producer: ____________________

Vintage: ____________________ Price: __________

Region: ____________________

Variety: ____________________

Appearance: ____________________

Swirl: ____________________

Nose: ____________________

Taste: ____________________

____

Finish: ____________________

Score: ____________________ Rating: ☆☆☆☆☆

Notes:

Date: / /

Location:

Wine: ______

Producer: ______

Vintage: ______ Price: ______

Region: ______

Variety: ______

Appearance: ______

Swirl: ______

Nose: ______

Taste: ______

______

Finish: ______

Score: ______ Rating: ☆☆☆☆☆

Notes:

Date:

/ /

Location:

Wine: ______________________

Producer: ______________________

Vintage: ______________ Price: ________

Region: ______________________

Variety: ______________________

Appearance: ______________________

Swirl: ______________________

Nose: ______________________

Taste: ______________________

____

Finish: ______________________

Score: ______________ Rating: ☆☆☆☆☆

Notes:

Wineries, Vineyards, Wine Cellars and Wine Bars Visited:

Date	Location	Name

Wineries, Vineyards, Wine Cellars and Wine Bars Visited:

Date	Location	Name

Wineries, Vineyards, Wine Cellars and Wine Bars Visited:

Date	Location	Name

	Location	

Wineries, Vineyards, Wine Cellars and Wine Bars Visited:

Date	Location	Name

Wineries, Vineyards, Wine Cellars and Wine Bars Visited:

Date	Location	Name

Wineries, Vineyards, Wine Cellars and Wine Bars Visited:

Date	Location	Name

Wineries, Vineyards, Wine Cellars and Wine Bars Visited:

Date	Location	Name

Made in the USA
Monee, IL
04 November 2026

67391349R00089